从小看世界

U0289646

我们的地球

【意】琴琪娅·伯恩奇等◎著

【意】奥古斯汀·特拉尼◎绘

文铮 李欣颖◎译

中国宇航出版社

·北京·

© 2005 Franco Cosimo Panini Editore S.p.A. – Modena - Italy

© 2017 for this book in Simplified Chinese language - China Astronautic Publishing House. Co., Ltd

Published by arrangement with Atlantyca S.p.A.

Original Title: Il Pianeta Terra

Text by Cinzia Bonci, Veronica Pellegrini, Alberto Roscini, Mario Tozzi

Original cover and internal illustrations by Agostino Traini

No part of this book may be stored, reproduced or transmitted in any form or by any means, electronic or mechanical, including photocopying, recording, or by any information storage and retrieval system, without written permission from the copyright holder. For information address Atlantyca S.p.A.

著作权合同登记号：图字01-2017-1597

版权所有　侵权必究

图书在版编目（CIP）数据

我们的地球 / (意) 琴琪娅·伯恩奇等著 ; (意) 奥古斯汀·特拉尼绘 ; 文铮, 李欣颖译. -- 北京：中国宇航出版社, 2017.11（2020.10重印）

（从小看世界）

ISBN 978-7-5159-1308-7

Ⅰ.①我… Ⅱ.①琴…②奥…③文…④李… Ⅲ.①地球－少儿读物 Ⅳ.①P183-49

中国版本图书馆CIP数据核字（2017）第095271号

策划编辑	韩红红　马晓菲	**装帧设计**	李彦生
责任编辑	甄薇薇　韩红红	**责任校对**	马晓菲

出版发行　**中国宇航出版社**

社　址　北京市阜成路8号　　　　邮　编　100830

网　址　www.caphbook.com

经　销　新华书店

发行部　(010)60286888　　　　(010)60286804（传真）

承　印　天津画中画印刷有限公司

版　次　2017年11月第1版　　　2020年10月第2次印刷

规　格　880×1230　　　　　　开　本　1/16

印　张　7.5　　　　　　　　　　字　数　145千字

书　号　ISBN 978-7-5159-1308-7

定　价　45.00元

本书如有印装质量问题，可与发行部联系调换

亲爱的小读者，准备好跟我一起去旅行了吗？

让我们一起探索我们赖以生存的奇妙地球吧！首先，我会介绍一下地球是如何诞生和构成的。接下来，我们将了解火山是什么，山脉和海洋有着怎样的构造。然后，我会讲到河流、湖泊、山谷、平原和沙漠。最后，我会给你讲一些关于地震的知识！

为了帮助你更好地理解，我为你做了这三件事：重要知识点描黑、难词注释和难字注音。当它们以这样的装扮出现时，不要认不出哦！

公转

太阳系*

zhì
炙热

重要知识点描黑
便于串联知识脉络

难词文后注释
辅助理解内涵

难字、易读错字注音
保证流畅阅读体验

如果你想回味旅途中的重要时刻，请翻到每一章的最后，那里有一张彩色的大图，概括了这一章的内容。

祝你旅途愉快！

目录

地球

地球

在古老的希腊传说中，世界起初一片混沌，像一个真空的巨大深渊。从这片混沌中诞生了女神欧律诺墨，她想跳舞，却发现无处落脚。于是，她划分出海洋和天空，在海浪上翩翩起舞。她捉住北风之神，把他变成了像河流一样蜿蜒盘曲的大蛇俄菲翁。欧律诺墨和俄菲翁结合，生出了万物之卵。俄菲翁盘绕着这颗卵，直到卵完全裂开，诞生出天地万物的奇迹：日月星辰、山河大地、草木植物。俄菲翁的牙齿跌落就变成了人类。

关于地球的诞生，隐藏着一段长长的、引人入胜的故事。你想了解地球的故事吗？让我们一起踏上探索之旅吧！

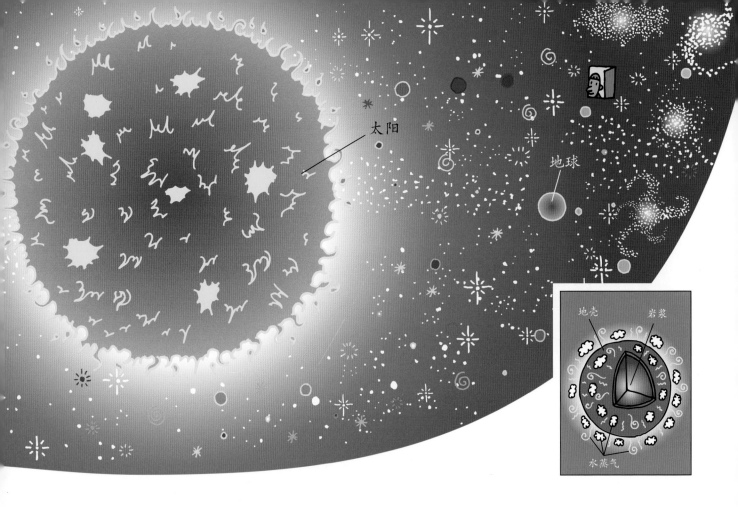

太阳

地球

地壳　　岩浆

水蒸气

　　地球并不是一个完美的正球体，而是两极稍扁、中间赤道处略鼓的椭球体，这个形状的产生和46亿年前地球诞生的过程有关。

　　地球是如何诞生的呢？几十亿年前，**宇宙***是由炙热的气体和坚固的微粒组成的。大约到了46亿年前，宇宙中的一个云团高速旋转，其中的粒子不断变大，最后在云团内核中形成了一个中心极热的大圆盘，这就是最初的**太阳**！其他较小的内核变成了太阳系*的**行星***，地球就是其中的一个行星。地球诞生之初，是由一种炙热稠密的液体，也就是岩浆*组成的。随着地球在宇宙中不断地旋转，表面的岩浆渐渐变成了固体的形状，这就是岩石。

　　很久以后，大约在35亿年前，地球开始变冷，岩石变得更加坚硬，于是地球表面形成了**地壳**[*]。在这个过程中，位于地球表面的岩石释放出大量水蒸气，水蒸气升到天空中形成大量的云，由此开始了持续数千年的降雨。大量的降水覆盖了部分地壳，就这样，原始**海洋**诞生了。

　　在过去很长一段时间里，人们都认为地球是平的，静止在宇宙中心，包括太阳在内的所有星球，都围着地球旋转。直到500年前，科学家们才发现地球是圆的，而且并不是静止不动，而是一边**自转**，一边绕着太阳**公转**。地球自转一圈是一天，公转一圈是一年。

渐渐地，地球周围形成了**大气层**，这层气体像外衣一样保护着我们的地球，阻挡了大部分的太阳光线。

按照与地球的距离由近及远，大气层依次被划分为不同的气体层，最远的可以到达地表以上1000千米的高度。距离我们最近的大气层中含有**氧气**，大家都知道，氧气对我们呼吸来说必不可少。如果没有大气层，人类、动物、植物都不可能生存，也不会有风、云、雨等自然现象。

地球是我们已知的唯一存在生命的星球，大约在35亿年前，地球上出现了生命。

大气层

1000 km

外逸层

400 km

热层

85 km

中间层

45 km

平流层

大气层

15 km

对流层

夜光云

珠母云

陨星

0 km

地球

最初的生命形式

　　海洋和大气层形成之后，我们的地球上就有了丰富的水和氧气，**生命**也随之相继诞生。

　　地球上最早的"居民"是一些极其简单的**单细胞生物**，比如细菌和海藻(zǎo)；接着出现了比较复杂的**水生动物**；随着**陆生植物**的出现，**陆生动物**也出现了。就这样，地球上相继出现了我们今天已知的各种生物，后来终于出现了**人类**！

太阳释放的**紫外线**对生物危害极大，大气层中的**臭氧**(yǎng)可以有效地过滤紫外线。近年来，臭氧层*被一种有着复杂名称的物质——氯氟烃(lù fú tīng)严重破坏，这种物质在我们最常见的杀虫喷雾剂中就能找到！

13

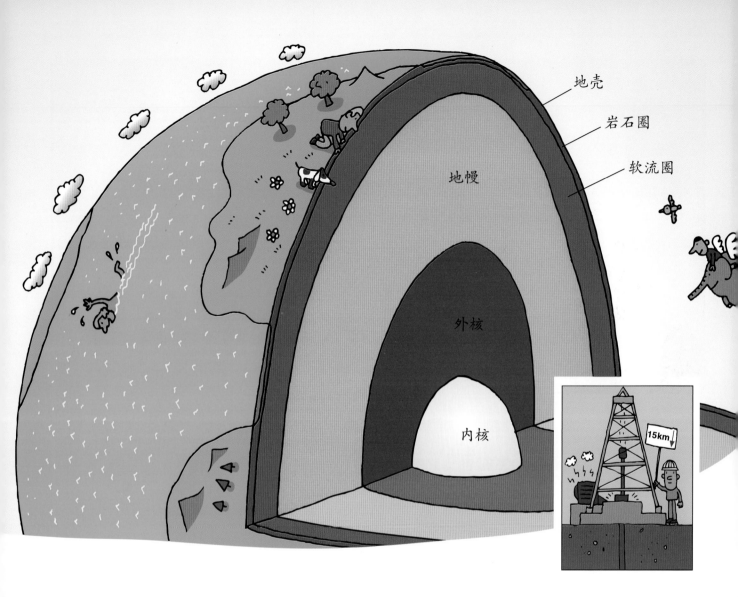

地壳

岩石圈

软流圈

地幔

外核

内核

15km

　　你有没有想过去地心旅行呢？其实，人类曾经做过这样的尝试，但是向地下挖掘的深度从未超过15千米，这远远不够，如果想到达地心，需要挖掘一口将近6400千米的深井！

　　目前，科学家们还无法分析出地球内部是如何形成的，但却可以通过一些数据推测出地球内部的构造。比如，通过分析**地震波***的传播速度，科学家们发现，地球的内部结构是一层一层的，有点像我们经常见到的洋葱！

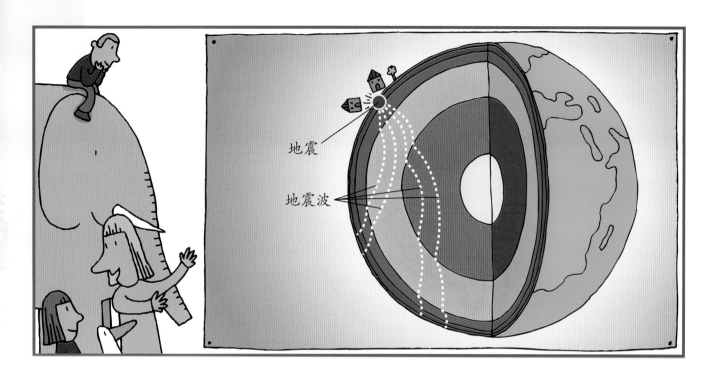

地震

地震波

地球的构造是这样的：地表生长着植物，下面5千米到70千米深的地方是地壳。地壳下面是**地幔**（màn），厚度大约是2900千米，地幔的温度很高，能熔（róng）化岩石。地心中央是温度最高的**地核**，由液态的外核和固态的内核组成。也就是说，地球的最内部还是由炙热的物质构成，就像地球最初诞生时一样。

专门研究地球的科学叫什么呢？**地质学**。这是一门非常古老的学科。地质学家主要研究地球构造、构成物质和地球的形成与发展。早在公元前1184年至公元前1087年之间，古人就绘制了一些"地质图"。

板块运动

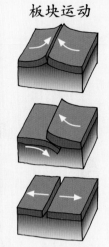

亚欧板块

美洲板块

非洲板块

太平洋板块

印度洋板块

美洲板块

亚欧板块

非洲板块

南　极　洲　板　块

2亿年前的地球
（盘古大陆）

现在的各大洲

　　地球的形成过程非常漫长，她经过了几亿年才变成我们今天看到的这个样子。

　　最初，所有的陆地都连接在一起，是完整的一大块，我们把它叫作**盘古大陆**。如今，地壳分成了好几个不同的部分，也就是**板块**，它们就像拼图一样，组成了一幅复杂的图案。

　　各个板块在不断移动，它们互相靠近或远离，互相碰撞，使一个板块的边缘向另一个板块下面俯冲，陷入地幔。正是因为板块的运动才形成了现在的各个大洲。另外，板块运动还会引发地震、火山爆发等一系列自然现象。

河流

风

冰川

海洋

象礁

水和风也会给地球带来变化，比如通过
侵蚀作用^shí *塑造着地表的容貌。

河流冲刷着河床，把碎石带到河谷；风吹打着岩石；冰川侵蚀着地表，改变了山谷的面貌；海水则会侵蚀海岸和海滩。有时，风和海水还会联手创作出天然的雕塑，比如意大利特雷米蒂岛的象礁^jiāo。

所以说，我们的地球一直在改变着她的样子，只是，改变的速度非常缓慢。

大概在1950年，人类借助最早的空间飞行器，成功地从太空中拍摄到了地球的样子！如今我们依靠**人造卫星**，可获得更加清晰^xī的地球表面照片，这对地球研究和气象预测起着重要作用。

现在让我们一起看看地球的"身份证"吧！

地球最初是什么样子的？

海洋是怎么诞生的？

最初的生命形式有哪些?

地球周围形成了什么?

地球内部有着怎样的构造?

地球各板块是怎样变化的?

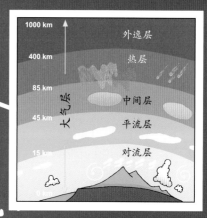

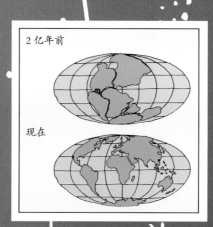

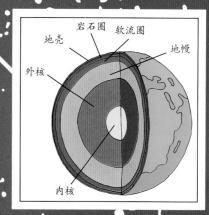

这是什么意思？

宇宙：包括地球及其他一切天体的无限空间，是人类研究和探索的目标。

地壳：由岩石构成的地球外壳，包裹着炎热的内核，大陆地壳厚度约 35 千米，海底地壳厚度约 7 千米。

太阳系：银河系中的一个天体系统，以太阳为中心，包括太阳、八大行星及其卫星和无数的小行星、彗星、流星等。

臭氧层：指大气平流层中臭氧浓度相对较高的部分。太阳射向地球的紫外线大部分被臭氧层吸收。

行星：沿各自的椭圆形轨道绕太阳运行的天体。太阳系有八大行星，按离太阳由近及远的次序，依次是水星、金星、地球、火星、木星、土星、天王星和海王星。

地震波：地震产生的向四处传播的波动，主要分为横波和纵波两种。

岩浆：熔化的岩石，位于地壳下面，火山爆发喷出地表后称为熔岩。

侵蚀作用：由风、雨、水、冰等外力引起的地面缓慢变形和破碎。

火山

火山

1963年11月14日清晨，几位冰岛渔民看到海面上升起了黑烟，他们以为是一艘船着火了，就赶过去帮忙……然而，眼前的一幕却让他们目瞪口呆，他们发现这居然是一座正在诞生而且还处于喷发状态的火山！这座小火山持续喷发，直到几个月后才结束。喷发出的火山熔岩*形成了一座新的岛屿——苏尔特塞岛，这个名字源于北欧神话中的火神苏尔特尔。

这听起来是不是非常不可思议呢？如果我们能到地下和海底走一圈，弄清楚火山是如何诞生的，该是一件多么有趣的事啊！当然，我们还会有更多惊喜的发现！

你能想象吗？在我们无法到达的地球深处，温度极高，有时连坚硬的岩石都可以熔化。岩石一旦开始熔化，就会形成炽热[*]的**岩浆**。在岩浆内部有一些气体，就像碳酸饮料里的小气泡一样，不断向上冒。因此，岩浆不断往上升，它途经之处一部分岩石也被熔化，最后，岩浆把地壳挤开一条裂缝，喷涌而出。这样，**火山**就诞生了！

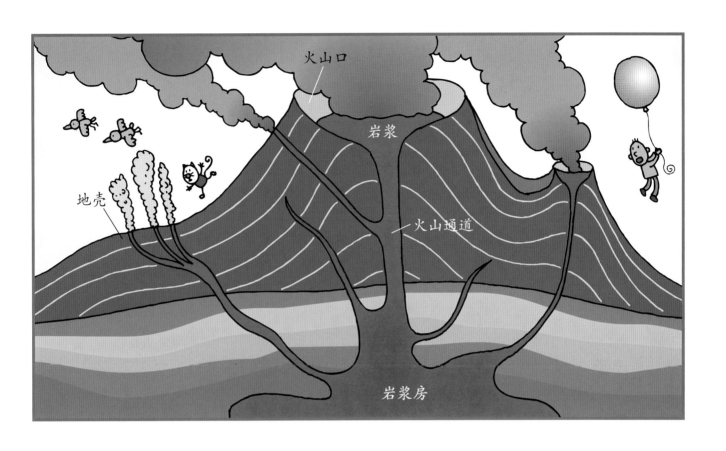

火山口

岩浆

火山通道

地壳

岩浆房

这是一座火山的结构图。底部有一个**岩浆房**，是储存岩浆的地方；岩浆房上面是**火山通道**，也就是一条与地面垂直的长裂缝，岩浆顺着通道一直上升到**火山口**，也就是熔岩喷发的出口。

亿万年前，当一些生命形态还不存在的时候，地球上就已经布满了活跃的火山。一些专家认为，剧烈的火山活动是导致若干年后**恐龙灭绝**的重要原因之一。

岩浆喷出地面那一刻，就意味着**火山喷发**了！火山喷发既壮观又危险，可能持续几个小时、几天，甚至好几年。一些火山在喷发之前会发出信号：人们会听到隆隆的声音，地面开始颤抖，慢慢升高。随后便会发生爆炸，在一股难以想象的巨大力量推动下，岩浆、炙热的气体和火山砾*的混合物喷涌而出。炽热的**火山灰***形成的团团烟雾遮住天空，然后像下雨一样疾驰掉落。

火山喷发之后，熔岩开始从火山口流出，形成一个或多个火流，沿着山坡流淌。

　　并不是所有火山喷发都有这种剧烈的反应，有些火山的喷发过程要安静得多：岩浆从火山口静静溢出，向山脚缓缓流淌。这些火山虽然没有那么危险，然而，即使是最安静的火山，喷发时也可能发生爆炸。因为岩浆在火山口阻滞，形成阻塞物，如果岩浆内的气体想出来，就会不断冲击阻塞物，最终发生猛烈爆炸。

　　试试看，如果把一瓶香槟酒*剧烈摇晃后再去拔它的木塞，会发生什么？瓶塞会猛地弹到空中，酒的泡沫会喷向四面八方。这是因为酒中的气体有强大的推力，可以将瓶塞弹起来。

　　你可以把酒瓶想象成一座火山，把泡沫想象为岩浆，只不过香槟酒泡沫不会像岩浆那样滚烫！

　　随着火山一次又一次地喷发，凝固的熔岩、火山灰和岩石碎块层层叠加，裂缝周围的地面不断升高，久而久之会形成更高的山。你知道吗？有些火山高度可达7000米！

　　但是请注意，火山有各种不同的类型，彼此之间存在差异。受不同火山喷发物的影响，火山会呈现出不同的形状：有的火山很高，山坡陡峭，呈**椎状**；有的火山相对扁平，山坡没有那么倾斜，呈**盾状**；还有一些仅仅是地壳上的一条裂缝，就像地面上的一个巨大伤口，熔岩从裂缝中流出来。

在火山区你会看到一些稀奇又有趣的景象，比如**破火山口***，里面积满了水，形成真正的湖泊；还有地面上的巨大裂缝，里面会出现一些**喷气孔***和**间歇泉***，看起来就像是人造热水喷泉一样。

破火山口

喷气孔

间歇泉

公元79年，意大利南部维苏威火山喷发，这是人类历史上记录下的一次著名的火山喷发。当时古罗马最宝贵的城市之一——**庞贝**在这次喷发中被厚厚的火山灰、火山砾和滚烫的熔岩埋在下面，整座城市毁于一旦。

然而，火山灰和熔岩的覆盖却完好地保留了这座古城的风貌，让今天的人们有机会看到它在火山喷发时的样子。考古学家们甚至可以为我们再现熔岩来临时人和动物的姿态！

29

各地的火山可能处于不同的状态：有的醒着，有的沉睡着，有的已经死了。那些"死去的"火山不会再喷发，被称为**死火山**；那些"醒着的"火山正处在喷发期，随时可能喷发，我们称之为**活火山**；最危险的是那些"沉睡着的"火山，因为它们可能会突然醒来，然后猛烈喷发，瞬间吞没一座村庄或城镇，这样的火山被称为**休眠火山**。

既然火山这么危险，为什么仍有很多人继续在火山附近生活和工作呢？那是因为火山也有对我们有益的一面！

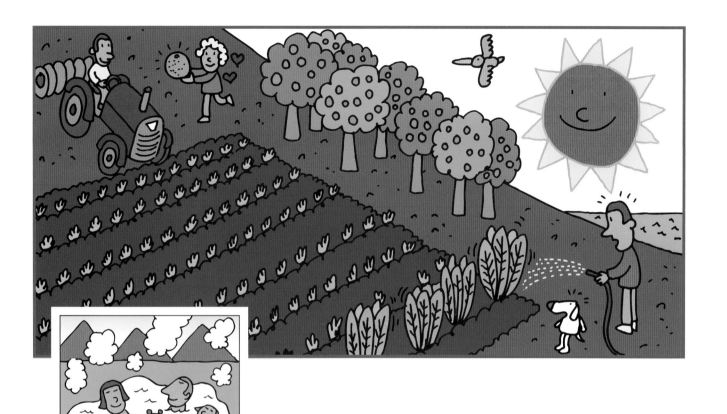

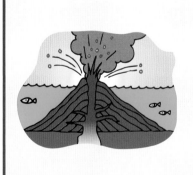

火山灰和熔岩可以使土地变得非常肥沃，因为其中含有一些适于植物生长的营养物质，这就是为什么有的火山脚下布满菜园、葡萄园和果树林。

火山灰里的一些物质对我们的身体来说还可能是灵丹妙药！火山地区的一些温泉和火山泥沼之中富含**矿物盐**，这些矿物盐十分有益于人体健康。

地球上有许多活火山，其中有很大一部分都处于大洋的底部！有时，这些水下的火山喷发后会露出水面，形成**岛屿**。美丽的夏威夷群岛就是这样诞生的！

现在让我们一起看看火山的"身份证"吧！

火山是如何诞生的？

火山"醒来时"会发生什么？

脾气温和的火山会如何喷发?

脾气暴躁的火山呢?

为什么有的火山呈扁平的"盾"状?

火山对人类有哪些益处?

这是什么意思？

 熔岩：指从火山内部喷发出来的岩浆。刚喷发出的熔岩是流动而炽热的，随后慢慢冷却，变成坚硬的黑色岩石。

 **香槟酒**：富含二氧化碳的起泡白葡萄酒，因原产于法国的香槟省而得名。

破火山口：非常宽广的火山口，在一次猛烈的火山喷发之后，由火山的顶部塌陷形成。

 炽热：某个物体或某种物质极热，甚至热到发光。

 喷气孔：一种地壳裂缝，通常出现在火山附近，会喷发出蒸气和各种气体。

 **火山砾**：火山喷发出的直径约为 2~64 毫米的岩石碎块。

 间歇泉：间断喷发的温泉，大多出现在火山活动活跃的区域。最著名的间歇泉之一是位于美国黄石公园的老实泉。

 **火山灰**：火山喷发出的直径小于 2 毫米的碎石和矿物质粒子。

山脉

山脉

你爬过山吗？一直爬到山顶了吗？如果是的话，你一定看到了美丽的风景：山顶连绵起伏覆盖着岩石或白雪，山谷中到处是茂密的树林或绿油油的草地，还有冷杉之类美丽的植物。沿着山坡漫步，你会发现在山坡草地上生活的动物，还会看到简单质朴的山舍，那是牧民居住的地方。这是不是有点像童话世界里的景象？

那么，山脉是如何诞生的？什么才是真正的山脉呢？来吧，把书翻到下一页，让我们一起认识和了解山脉吧！

为了弄明白山脉是如何诞生的，我们首先需要知道，**地壳**并不像我们想象的那样完全静止不动。其实，地壳分为六大**板块***和若干小板块，这些板块被一股非常强大的力量推动，处于不断运动之中。想象一下，当两个大板块互相碰撞，而且又被两股强大的力量不断相向推动时，会发生什么情况呢？这时海底会发生弯曲，形成一道道巨大的 zhě zhòu **褶皱**，这些褶皱不断抬升，逐渐顶起地壳，拱出海平面。不太高的褶皱会形成 qiū líng **丘陵**，而被高高抬起的褶皱就形成了**高山**。当很多褶皱排列在一起时，就产生了**山脉**。这种现象叫作**造山运动**。在很久很久以前，山脉就是这样形成的。

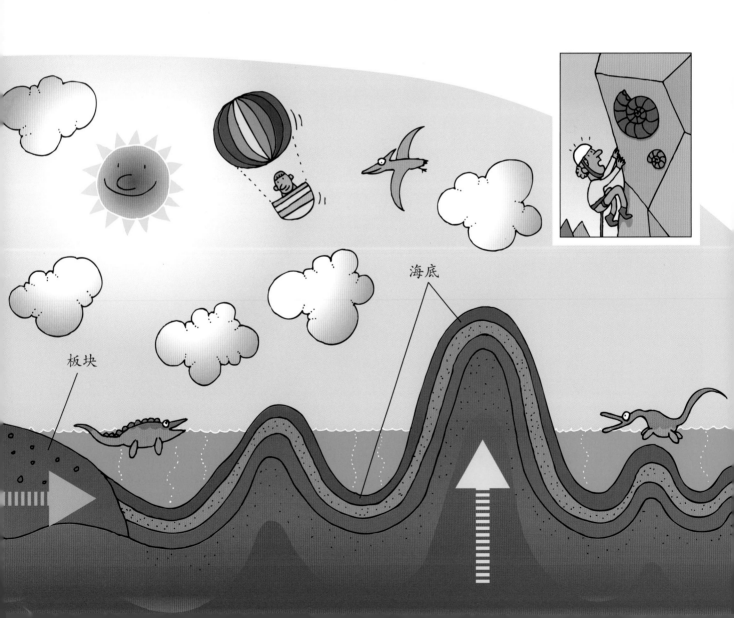

海底

板块

　　正是因为山脉是由海底的褶皱形成，所以我们有时会在山上发现鱼类、贝壳或海藻的**化石**＊：当初褶皱被抬升的时候，它们被"困"在了岩石中。

　　不过，并非所有山脉都是在板块运动作用下形成的。有些是**火山**不断喷发的结果。我们可以想象一下，火山灰、岩石和熔岩层层堆积沉淀，累积到一定的高度，就慢慢形成了山。

板块

　　为了更好地理解造山运动这一自然现象，请你将一张纸放在桌面上，然后用双手按压住纸的两端，从两边慢慢向中间推。你会看到纸的中间抬升起来，形成了一个褶皱。如果你继续向中间推，褶皱就会越来越高，形状也不断发生变化。

储备水资源

通常，我们把**海拔**[*]超过500米的巨大褶皱称为**山**。山有高有低，几乎分布在地球所有的陆地上。虽然这些巨大的褶皱只占据了地球面积的20%左右，但它们的作用却十分重要。山上覆盖的冰雪储备着大量水资源；山脉会改变河流的沉积作用和流量；另外，山地也很大程度影响了气候的变化，改变着**大气循环**。

地球上海拔最高的山峰是**珠穆^{mù}朗玛峰**，竟然有8848米高！它坐落在中国和尼泊尔交界处，属于**喜马拉雅山脉**，是地球上最重要的山脉之一。那整个太阳系最高的山峰又是哪座呢？就是位于火星的奥林波斯山，它高达24000米！！！

山脉看上去似乎静止不动，但实际上它每时每刻都在发生着变化，随着时间的流逝，**山貌**也在不断改变。你知道这些变化是怎样造成的吗？这是风、雨、雪、冰的**侵蚀作用**长年累月地磨损着山上的岩石。

为了更好地理解这些自然现象，我们可以在山的模型上撒些沙子，然后用喷壶慢慢往山顶喷水，或者模仿风向山顶吹气，看看会发生什么变化。

知道了山貌变化的原因，我们就很容易判断一座山的大致**年龄**。一般来说，如果山峰平缓圆滑，那么它的年龄会比较大；如果山峰尖耸，岩壁陡峭，那么它的年龄就比较小。由此可见，有些丘陵其实是历经了千万年的磨损后留下来的山。

河流和冰川也能改变山貌，水流在从山地流向平原的同时，也在不断地侵蚀着两岸的岩石，最终形成了**山谷**[*]。

山上的阳光会比平原上强烈得多，但气候会更加寒冷，从白天到黑夜，山上的**温度**会有很大变化。寒冷加速了水蒸气的冷凝作用*，导致了云团的形成，所以山地经常下雪或下雨。

随着海拔的升高，温度会渐渐降低。总之，在山上，你爬得越高就觉得越冷！

2000

1000

冬眠中的睡鼠

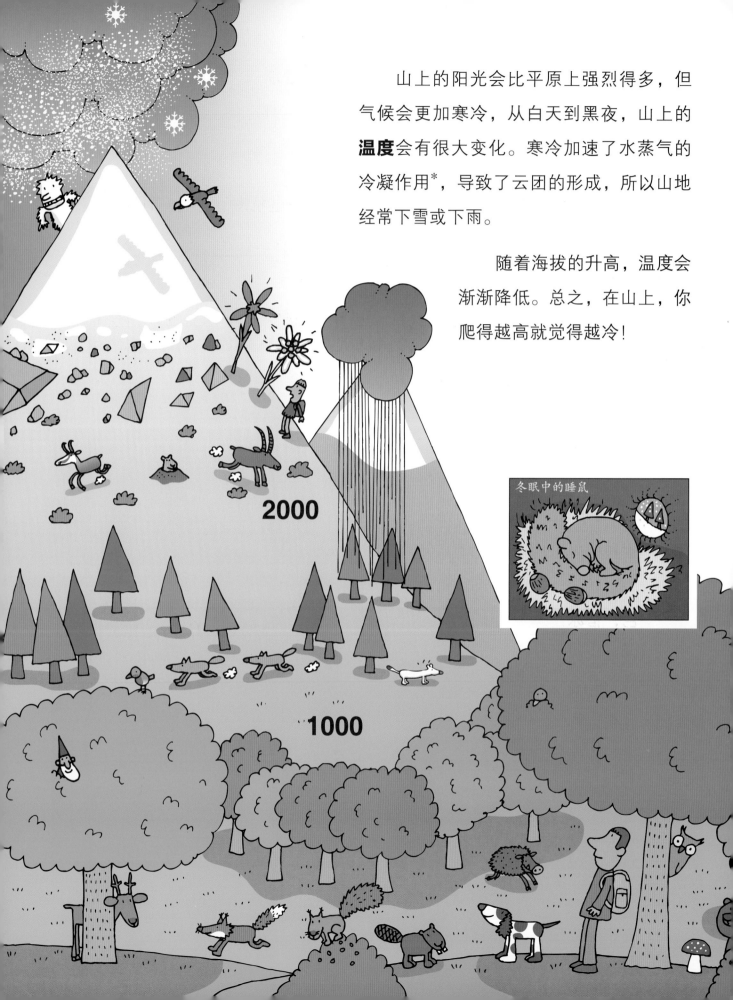

山上温度的变化也决定了动植物的分布情况。

从山脚到海拔1000米的地方，植物生长得很茂盛，有栎^{lì}树、榛^{zhēn}树和山毛榉^{jǔ}等植物，还有河狸、野猪、狍^{páo}子、松鼠、狐狸以及许多其他动物。

在海拔1000米到2000米之间，生存着一些抗寒能力很强的植物，比如松树和冷杉；还有更能适应这种环境的动物，比如岩羚羊、阿尔卑^{bēi}斯野山羊、土拨鼠、貂^{diāo}和狼。

在海拔2000米以上的区域，则生长着坚硬矮小的植物，如欧洲刺柏，以及其他一些更矮小的植物物种，如龙胆和美丽的高山火绒草。这里同样也是鹰的天下。

再往高处走，我们会发现苔藓^{tái xiǎn}和地衣，这里的气温已经很低了，冰雪常年不化。

动物在山上生活十分不易，它们必须适应冬季的寒冷和不利于寻找食物的冰雪环境。为了生存下来，有些动物会**冬眠**[*]，土拨鼠就是这样做的，它们越冬期间要睡上六到七个月呢！还有些动物会改变自己皮毛的颜色，借冰雪来**伪^{wěi}装**[*]自己，这样就不会轻易被那些能一口吃掉它们的天敌发现。例如阿尔卑斯野兔，在冬天它们的皮毛会变成白色。

近两个世纪以来，自然环境遭到人类严重的破坏。为了保护动植物，人们划定了一些大范围的保护区域，被称为**自然保护区**。比如，中国1997年12月成立的青海可可西里自然保护区，主要用于保护藏羚羊、野牦^{máo}牛等珍稀野生动物和它们的栖息环境。

对人类来说，在山上生活同样不容易，由于气候严寒、环境险恶，不论是居住还是耕种都很困难。

夏天，人们把奶牛、山羊、绵羊赶到草地上**放牧**。牧区常选在海拔不是很高的区域，位置容易辨认，因为那里往往有一些标志性的木头房子，叫作山舍，人们在这里生产奶酪^{lào}。

现代的人们渐渐远离了大山，他们更喜欢居住在河谷、平原和城市里。但是人们会去山上**开采木材**，获取一些特色产品，如马铃薯、板栗、蘑菇等。另外，人们还利用山上储存的水资源生产**水电能源***。

从10世纪初开始，山区逐渐变成了广阔的**旅游**目的地，喜欢登山或滑雪的人们纷纷来到这里，他们被美丽如画的风景深深吸引。随之兴起的旅游业也让山区的面貌发生了变化，人们在山区修建了滑雪道、登山缆车，还开设了餐馆、旅店和度假屋。

你知道身材高大、浑身毛茸茸的圣伯纳犬吗？它的嗅觉极其敏锐，能找到被雪崩掩埋的人们。为了让它们学会这项技能，摩
mó
纳哥人从8世纪就开始训练它们了。

现在让我们一起来看看山的"身份证"吧！

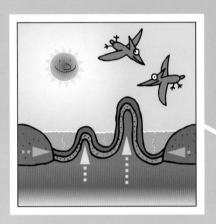

山是如何诞生的？

年轻的山是什么样子的？

年长的山又是什么样子呢？

山上的气候怎么样？

山上生活着哪些动物？

游客能在山上进行哪些休闲娱乐项目？

这是什么意思？

板块：地球上岩石圈的构造单元。全球六大板块分别是亚欧板块、太平洋板块、美洲板块、非洲板块、印度洋板块和南极洲板块。

冷凝作用：气体或液体遇冷而凝结，如水蒸气遇冷变成水，水遇冷结成冰。

化石：古代生物的遗体、遗物或遗迹埋藏在地下变成的跟石头一样的东西，最常见的是骨头和贝壳等变成的化石。

冬眠：某些动物（如蛇、蛙、龟等）在寒冷的冬季进入类似于深度睡眠的状态。

海拔：从平均海平面算起的高度。

伪装：动物自我保护的一种方式，呈现出和周围环境类似的颜色，不易被发现。

山谷：两座山之间低洼而狭长的地方，中间多有溪流。

水电能源：通过水流的落差获得的电力能源。

海洋

海洋

在广阔的太平洋上生活着波利尼西亚人，他们被称为"海洋的民族"。

传说中，一位叫毛伊的"渔民之王"为了捕捉鲨鱼和鲸，发明了一种大渔钩。他用这个渔钩实现了一个惊人之举：钓起了海底的山脉，并把它们提到了海面上！就这样，海底群山变成了波利尼西亚群岛，波利尼西亚人至今仍在岛上生活。

其实，关于海洋的传说非常多，因为海洋总是那么神秘莫测，一直以来它都深深吸引着人类的目光。如果你想要了解更多海洋的知识，就请继续往下看吧！

假如你乘坐飞船从太空遥望地球，会发现地球几乎全是蓝色的！你知道这是为什么吗？因为地球大部分都被**海洋**覆盖着。

但是地球诞生之初时并没有水，在40多亿年前，地球仅仅被火山和产生气体*的热岩所覆盖。

热岩产生的气体就像一层薄薄的纱巾笼罩着地球，待它们渐渐冷却下来，其中的**水蒸气**形成了大量的水滴，于是，可怕的暴风雨和无休止的雷雨开始肆^(sì)意大作。大量的水落到地面上，汇集成河流和海洋。

你知道**海水**为什么是**咸**的吗？因为很久以前，下雨的时候，雨水溶解了火山岩中的盐，并带着这些盐一直汇入海里。

现在，海洋起着非常重要的作用，大部分的雨水都是从海洋生成的。要知道，水对于人类和动植物的生命来说是必不可少的。但是海洋是怎样产生**雨水**的呢？

道理其实是这样的：在太阳的照射下，海水蒸发，变成水蒸气，上升到天

空形成云，云在适当的条件下就能转变成雨和雪了。天空中落下的雨雪渗透到地下形成**地下河**，雨雪落到山上会形成**溪流**。溪水沿山坡流淌，遇到其他的水流汇集成**小河**，小河沿山谷流下，慢慢扩展，最后就变成了**河流**。多条河流汇集在一起，再与地下涌出的水汇合，水势会变得越来越大。在陆地的尽头，我们的朋友大海正在等待接纳这些河流。水流就是这样源源不断地注入海洋。

河流注入大海后，太阳又不断照射，使海水蒸发……亿万年来，这个过程无限循环着，永远不会终止！

我们自己也可以做一个**水分蒸发**的实验，你知道如何进行吗？拿两个装满水的杯子，用小碟子盖住其中的一个，然后把它们放在比较炎热的地方。几天之后，我们将会看到，那个用小碟子盖住的杯子里面的水几乎没有变化，而另一个没有盖子的杯子里的水几乎完全消失了。这是因为水分蒸发到了空气里。

有时，我们还可以用肉眼看到水蒸气呢！不信的话你可以在浴缸里注入些热水，就会看到从水面冒出热腾腾的雾气，这就是水蒸气。

海面永远不会平静，海水起伏波动永不停歇！风快速地掠过海面，形成层层的**波浪**。你能想象出来吗？海浪常常有好几米高！海浪不停地拍打着岸边的礁石，久而久之创造出了许多美轮美奂的天然雕塑，比如岸礁[*]和可供船只停靠的天然海港[*]。

海洋中还有**洋流**[*]，它们像水流一样，从一个地方流动到另一个很远的地方。如果是从水温高的海区流向水温低的海区，这样的洋流叫作**暖流**；相反，如果是从水温低的海区流向水温高的海区，这样的洋流叫作**寒流**。

56

洋流流动过程中，会把大量砂石和贝壳等冲到海岸边，这些东西慢慢堆积起来，就形成了**海滩**。

涨潮

落潮

海水的运动方式不止于此，还会出现**潮汐**^{xī}*现象。白天，海水上涨，漫^{màn}延到海滩上，这是**涨潮**；黄昏时，海水退去，这就是**落潮**。落潮后海滩上会留下一些来自海洋的小礼物，比如贝壳、蛤蜊^{gé lí}、海藻等。月球和太阳间的引力造成了海水周期性的涨落，从而引发这种神奇的潮汐现象。

你知道吗？地球上有100多片海洋，每片海洋都有自己的名字。

中国东部濒^{bīn}临四片海域，分别是渤^{bó}海、黄海、东海和南海。

北极和南极的海水非常寒冷，常年结冰，相反赤道附近的海水则比较热。

海水往往深不见底，越到深处光线就越暗。看上去，海水表面的颜色是蔚蓝色、绿色或深蓝色的。其实，海水呈现的颜色完全取决于太阳光的照射、天空和海底的颜色，如果海底有绿色的海藻，海水就会呈现为绿色。

如果我们穿上潜水服潜到海底，就会看到一个奇幻美妙的海底世界，那里到处都是螃蟹、小鱼和贝壳。

假如我们能乘坐潜水艇*潜到更深的海底，还会有更多惊人的发现，例如海底山脉、火山、峡谷和海沟*！当然还有很多奇异的动物：有小到几乎看不见的原生动物，有体型巨大的鲸，有闪着磷光的鱼和水母，还有珊瑚虫、蚝、龟、

海洋像一条宽广的道路，很久以前就有船在海面上**航行**。人们经过大海到达遥远的地方，发现了新的大陆，认识了不同地区的人。至今仍有许多船只在大海上航行、捕鱼、运输货物或者环游世界。

海星、海蛇和巨大的蜘蛛蟹……海里还生长着奇特的海藻，它们构成了海底森林，另外，在温暖的海洋里还有大片的**珊瑚礁***，十分美丽。

你甚至还会在海底发现多年以前的沉船。你知道吗？沉船里兴许有许多珍贵的宝藏呢！

现在让我们一起看看海洋的"身份证"吧！

海洋是什么时候诞生的？

雨是如何生成的？

洋流是什么样的？

涨潮时会出现什么情况？

落潮时会出现什么情况？

海底有什么宝藏？

这是什么意思？

气体：没有一定形状，没有一定体积，可以流动的物体。

潮汐：在月球和太阳引力作用下，海洋水位周期性涨落的现象。

岸礁：在海水长时间地冲刷下，从海岸分离出来的巨大而尖利的礁石。

潜水艇：又叫潜艇，能够在水面下进行活动的舰艇，种类繁多，用途广泛。

海港：沿海停泊船只的港口，海上航行的船只可以在这里躲避风浪和急流。

海沟：深度超过 6000 米，狭窄黑暗的海底深谷。世界上最深的海沟是马里亚纳海沟，位于太平洋，其最深处超过 11000 米。

洋流：海洋中朝着一定方向流动的水。

珊瑚礁：一些小珊瑚为了自我保护堆积成的像骨架一样的礁石。

河流与湖泊

河流与湖泊

在地球上，虽然海洋的面积比陆地更广阔，然而人类是无法适应海洋生活的动物，只能选择在陆地生活。所以我们并没有把这个星球叫作"水球"。

另外，地球上的大部分水都是海水，人类和多数其他生物不能直接饮用这种咸咸的水，只有一小部分水是淡水，分别是河流、湖泊和地下的液态水以及冰川中的固态水。

现在，我们就来详细了解一下河流和湖泊是如何产生的吧！

大多数**河流**发源于**山上**，积雪融化或降雨落下的水汇集在一起，形成溪流。河流也有可能发源于**泉水**，也就是从地下冒出地面的水。这些水源汇集成河流，最终会向大海的方向流去。

随着季节和天气的变化，河流的水量有所不同，有**丰水期**和**枯水期**之分，处于枯水期的河流有时无法汇聚到大海。

丰水期

枯水期

泉水

河流慢慢从源头流向**入海口***。有些河流活力充沛，从山上一泻（xiè）而下；有些则很沉稳，携带着大量泥沙，缓缓地向大海流淌。通常河流在山区流速比较快，而在平原上流域（yù）*广阔、浩浩荡荡，快到达海边时流速会变得非常缓慢。

尽管河流大都很相似，但也并不全是一样的。比如埃及的**尼罗河**，它是世界上最长的河流之一，但是它的流量却仅仅是意大利波河的2倍，而波河只是一条很短的河流。著名的科罗拉多河全程蜿蜒曲折，像一条横贯在美国和墨西哥之间的巨蟒（mǎng），而阿尔卑斯山区的河流却像铁轨一样笔直。

河流蕴含巨大的**能量**，它能够冲走像房子一般大的石头。同时，河流慢慢将沉积物*带向入海口，在这个过程中，沿海地带会越来越平坦宽阔，逐渐沉积形成平原。例如，中国的长江中下游平原、东北平原和其他许多沿海平原都是这样形成的。

河流的能量很大程度上取决于**降水量**。

当降水多时，河水就会上涨，涨满整个**河床***。如果继续降雨，超出河床承载能力后，河水就会溢出河床，漫延到周围的土地上，引发**洪水**。

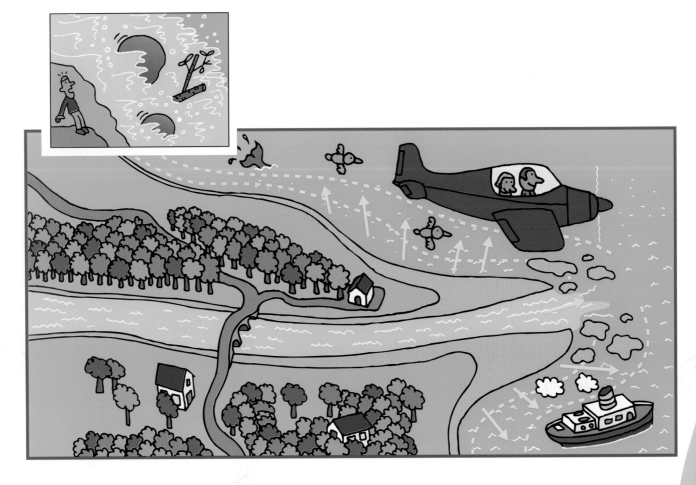

你知道吗？地下也有河流，但只会出现在石灰岩地带，因为河水可以溶解石灰岩，在地下形成**溶洞**和洞穴，这一现象叫作**喀斯特现象**，比如意大利弗留利地区就存在典型的喀斯特地貌。那里的河流常常会从地面上消失，然后又出现在与意大利接壤的斯洛文尼亚。也就是说河水越过了边境，但却不是从地面上流过去的。

如果人们在河床附近修建了房屋，洪水暴发后，就会引发悲剧。

湖泊可以看作一种天然屏障，是它阻挡了河流汇入大海的进程。人类能够建造堤坝*从而创造出**人工湖**，就像自然界的河狸在水中筑起堤坝一样。

有一些湖泊诞生在古老的山谷底部，这些山谷是由很久以前覆盖在上面的冰川侵蚀而成的，比如中国的新疆天池和意大利的加尔达湖，这种湖泊叫作**冰川湖**。

另外，在一些死火山的火山口，雨水逐渐汇集形成湖泊，这种湖泊叫作**火山湖**。它们一般都非常深，比如中国的长白山天池等。

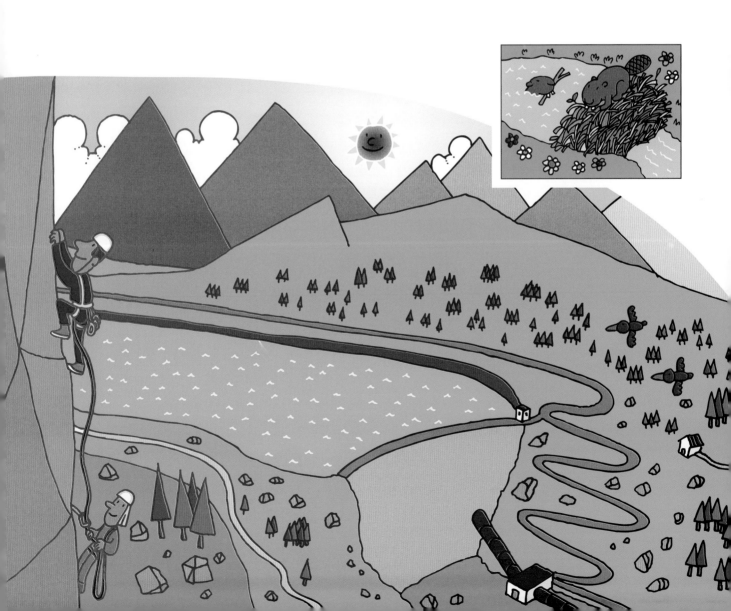

其实，水流入陨石*坑里也有可能形成湖泊！
但是这种情况十分罕见。

世界上的湖泊面积正在渐渐缩小，中亚的咸海内陆湖泊现在几乎全部干涸了，船只都搁浅在湖泊中部的土地上。中国也面临同样的问题。原因之一是人们为了灌溉农田过量地抽取了湖水。最近几十年来，中国的洞庭湖和鄱阳湖水位下降了好几米，青海湖与以前相比水量也减少了很多。

外流河

　　湖泊并不会永远存在，它们都将慢慢被陆地填平、变干。它们会先变成一片**沼泽**^{zhǎo zé}*，然后变成平原。今天你能看到的一些平原和荒漠，也许曾是一片巨大的湖泊。例如，新疆的罗布泊，原意是"多水汇集之湖"，曾是中国第二大咸水湖，现在却已完全干涸，成为大片的荒漠和盐碱^{jiǎn}地，被称为"死亡之海"。

　　湖泊的**寿命**往往取决于两条河流：一条是把水带进来的，叫**内流河**；另一条是把水带出去的，叫**外流河**。

内流河

但是有些湖泊没有河流进出，比如火山湖。这些湖泊主要靠雨水供给，当水分蒸发*加快或降水减少时，就会有干涸的危险。

通常，河水和湖水都没有海水那么咸，也没有海水密度大，所以在这些水域游泳会比在海水里费力。但是也有一些湖泊的盐分比海水的还要高，例如，位于约旦和以色列交界的**死海**。人们可以直接躺在水面上读报纸，就像在沙发上一样舒服。

现在让我们复习一下河流与湖泊的一些重要知识吧！

河流发源于哪里？

然后又注入什么地方？

当河水涨满时，会发生什么？

当河流被堵塞时，会形成什么？

新疆天池属于什么湖？

湖泊是如何保持生命力的？

入海口：河流注入大海的地方。它可能由多条支流组成，呈扇形（三角洲），或者只由一条河道（河口湾）构成。

堤坝：堤和坝的总称，泛指防水、拦水的构筑物。

陨石：来自宇宙的含石质较多或全部是石质的陨星。

流域：一个水系的干流和支流所流过的整个地区，如长江流域、黄河流域和珠江流域。

沼泽：被浅水覆盖的泥泞地带，上面生长着茂密的水草。

沉积物：由河流或风运输的泥沙颗粒。

河床：河流两岸之间容水的部分，也叫河槽、河身。

蒸发：在加热的作用下，一种物质由液态缓慢转变为气体的过程。

山谷与平原

山谷与平原

我们知道，地貌景观丰富多彩，有海洋、山脉、湖泊、河流、山谷、平原……

置身在不同的地方，你会看到地球不一样的一面。登山俯看，你可以欣赏到层层梯田布满整个山谷，还有远处若隐若现的房屋和工厂；如果再向远处眺望，就会看到更加辽阔平坦的土地，以及森林、牧场、城市和宽阔的马路……

你想知道山谷与平原是怎么形成的吗？想了解一些有关它们的知识吗？那就快跟我一起开始这次美妙的旅行吧！

我们现在看到的山谷和平原是在几百万年前形成的，后来它们在缓慢持久的水力、风力和冰川*的侵蚀作用下，逐渐发生了变化。

山谷是山地之间、以山坡为边界的广阔地带，中间多有溪流。

有些山谷是经上游的河流冲刷而成的，河水不断侵蚀着山石，最终形成了深深的沟壑。

还有一些山谷是在冰川的侵蚀作用下形成的，尤其是在冰期*，气候极其寒冷，积雪无法融化，于是形成了冰层。冰层不断累积，开始向下滑动，在下滑过程中，冰川磨碎岩壁，塑造出深深的山谷。当温度升高时，积雪开始融化，最终慢慢消退。

在今天也是这样，当积雪量过大时，冰川会慢慢向下滑动，继续侵蚀岩壁和山谷底部。

河谷

冰川谷

侵蚀作用

如果你仔细观察山谷的形状，很容易就能知道它是在哪种自然作用下形成的。

在河流冲刷作用下形成的山谷多呈现"V"字形，因为快速流下的河水会冲刷出一道又深又陡(dǒu)的沟谷，这种较为狭窄的山谷，叫作**河谷**。

相反，如果山谷形状呈"U"字形，比较缓和，没有那么多棱角，那就是在冰川侵蚀作用下形成的山谷，又叫**冰川谷**。

你听说过**峡(xiá)谷**吗？那是一种非常非常深的山谷，山坡极为陡峭，几乎与地面垂直，这是水流长年侵蚀高原而形成的。美国的**科罗拉多大峡谷**是世界上最著名的峡谷之一。

山谷里的风景怡人，群山环抱中常会出现像**瀑布**这样美丽的自然景观。

与高山相比，山谷的环境更适合人类生活，所以在经过山谷的时候，你会看到一些城镇和村庄。

另外，在山谷里，你还能看到繁茂的阔叶林，例如橡树林和栗树林，以及种植马铃薯、大麦和黑麦的田地；在地势更低的地方，你会看到葡萄园、橄榄树或其他的果树。

当然，山谷里也会有不少工厂，比如木材厂、矿产和山区特色产品的加工厂等。

一直以来，山谷对人类的活动都至关重要，因为它是连接山地和平原的**通道**，很久以前，人们就利用山谷穿越高山。山谷中间地势低，形成了天然的**山口**，连接起两个相对的山坡，甚至是国境两边的村庄。

后来，为了便于发展公路和铁路交通，人们开凿（záo）了现代化的**隧道**（suì），也就是能穿过大山的长长的洞。有了这些隧道，我们在大雪封山时也能穿山越岭了。

当河流流经地质特别松软的地方时，地面会被冲刷坍塌，形成陡峭的天然阶梯，水沿阶梯落下，这就形成了瀑布！

世界上落差最大的瀑布是位于委内瑞拉的**安赫尔瀑布**，也叫"天使瀑布"，它的落差高达979米！

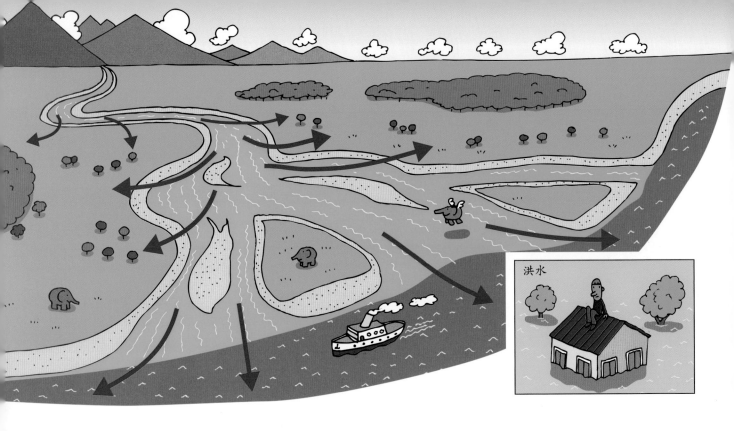

洪水

河流可以称得上是最伟大的地貌景观设计师，平坦广阔的**平原**就是河流的杰作。事实上，很多平原都是由岩石、鹅卵石*和淤泥构成的。

河流从山地流向大海时，一路携带大量泥沙，随着地势渐渐平缓，这些泥沙会慢慢沉积在河床底部。一旦遇到丰富的降水引发洪水，河水就会漫过堤岸，将这些沉积的泥沙带到附近的土地上。

久而久之，由泥沙堆积的土地面积会越来越大，最终形成一片平原。中国长江中下游平原就是河水泛滥带来的沉积物堆积而成的。这种平原叫作**冲积平原**，土地非常肥沃，适于人类居住。孕育了古埃及文明的尼罗河流域的平原，以及孕育了古巴比伦*美索不达米亚文明*的两河平原，都是典型的冲积平原。

火山喷发后形成的平原

抬升平原

另外，还有一些平原是**火山喷发**时流溢出的岩浆形成的。这种平原的土地也非常肥沃，尽管靠近活跃的火山，从古至今，还是一直有人居住在那里！

还有一种诞生于海底的平原，表面宽广平坦，样子很像一张平放的大桌子，叫作**抬升平原**。但是一般情况下，这类平原的降水不会很充足，必须依赖挖井或开凿水渠[*]、修建运河[*]才能满足耕种的需要。

世界上还有**人造平原**，比如在荷兰，相当一部分国土的海拔都低于海平面。你知道那里的人们是怎样修建人造平原的吗？首先，人们筑起巨大的堤坝，阻挡海水流入，然后再不断把堤坝内的水抽出排干，从而创造出一种叫"围垦地"的田地。

从高处俯瞰平原，你会看到一道道河流与沟渠，一片片森林与农田，一排排树木与房屋，还有漂亮的城市与整齐的工厂。这里是铺设公路、铁路以及建造飞机场的理想之地。你还可以看到，与其他地形相比，平原更便于进行工业生产、农业活动和商业交流。

不过，在古代，平原并不像今天这样适于人类栖居，那时候的平原上遍布森林、池塘和沼泽。但是人们相信平原能够成为人类的宜居之地，于是开始改造自然环境。人们砍掉树木，排干沼泽，**改造土地***，为耕种创造了更大的空间。

在平原上，**农业生产**是人类主要的活动之一。平原地区水资源丰富，人们主要种植谷物、蔬菜、果树以及用来生产饲料的作物。此外，人们还在农场里饲养牛、羊、马、猪、鸡等畜禽。

平原上多生长着杨树、梧桐树和柳树等树木。同时，你还可以看到很多野生动物，比如麻雀、野鸭、白鹭和雉（lù zhì）等禽类，还有生活在森林周围的野兔、狐狸和刺猬等动物。

在耕种区，生活着苍蝇、蚊子这类的昆虫，夏天时，你还可以听到蝉和蟋蟀（xī shuài）的鸣叫声。在沼泽区，生活着青蛙、蟾蜍（chán chú），还有鸭、鹳（guàn qín）等禽类，以及鳝（shàn）鱼等鱼类。

沼泽

并不是所有平坦广阔的地方都适合人类生存，比如非洲的撒哈拉沙漠、赤道地区植被丰富的热带雨林、阿拉斯加和西伯利亚的寒带冰原。这些地方的气候都不适合人类居住，因此这些地方总是荒无人烟。

现在让我们复习一下山谷与平原的一些重要知识吧！

有些山谷源于河流。

有些山谷来自冰川。

山谷是交通要道！

平原有三种类型。

抬升平原

火山喷发
形成平原

冲积平原

平原上生活着家畜和什么？

冰川：在高山和两极地区，积雪由于自身的压力变成冰（或积雪融化，下渗冻结成冰），又因重力作用而沿着地面倾斜方向移动的大冰块。

美索不达米亚文明：又称两河流域文明，指在底格里斯河和幼发拉底河之间的冲积平原上发展出来的文明。

冰期：地球上气候非常寒冷的大规模冰川活动时期。

水渠：人工开凿的水道，有集水、运输和分洪的作用。

鹅卵石：自然形成的无棱角的岩石颗粒，直径较大，形状像鹅蛋。

运河：人工挖成的可以通航的河。

古巴比伦：位于美索不达米亚平原，建立于约公元前3500年的东方古王国，世界上最早的文明发源地之一。

改造土地：改变土地的状态。比如，将低洼地或沼泽地的水排干，使之适于农作物耕种。

沙漠

沙漠

　　沙漠是地球上最神秘、最特别的地方之一，在一望无际的白色或棕红色的沙子上，仿佛一切都是静止的，看不到任何生命的迹象，只能听到呼
xiào
啸的风声。没有树木的阻挡，风可以毫不费力地将沙子卷向高空。也正是由于风的存在，似乎才让我们感觉到了沙漠的生气。几百万年来，沙子一直在不停地移动，只要有风吹来，它们就会继续运动。

　　那么，你知道沙漠到底是什么吗？想要了解更多关于沙漠的知识吗？

　　沙漠是地球上格外干燥的区域，这里从不下雨或是降水量极少，既没有河流，也没有湖泊，水分蒸发的强度永远比降水量大。沙漠地区的温差很大，白天酷热，夜晚寒冷。由于昼夜温度的急剧变化，再加上风可以在这里畅通无阻，沙漠之中的岩石逐渐风化*成了小石子和沙粒。

　　那么，沙漠究竟是怎样形成的呢？

　　如果地球上某个区域非常炎热，降水量又极少，那么久而久之这个区域就会慢慢变成沙漠，植被和草地最终被无处不在的沙石和光秃秃的山丘取代。

　　今天，地球上仍有一些地区正在遭受**沙漠化***的侵袭，中国的一些地方也出现了沙漠化的现象，比如宁夏和内蒙古的一些区域。

你能想象吗？即便是撒哈拉沙漠，这片世界上最大的沙漠，在很久很久以前都曾是一片非常肥沃和适合农业生产的土地。

地球上最大、最著名的沙漠是位于非洲北部的**撒哈拉沙漠，**它从摩洛哥一直延伸到阿拉伯。但其实在撒哈拉沙漠，只有10%的区域完全被沙子覆盖，其余地区都是山丘和布满石子的荒原。这里水资源奇缺，若不是这样，这里的自然景观也会和世界上许多地方一样美丽。这里气候非常炎热，降水量很少，也没有植被。

另外，位于中国和蒙古国之间的**戈壁沙漠**也很有名，人们在这里发现了许多相当完整的恐龙骨架化石。

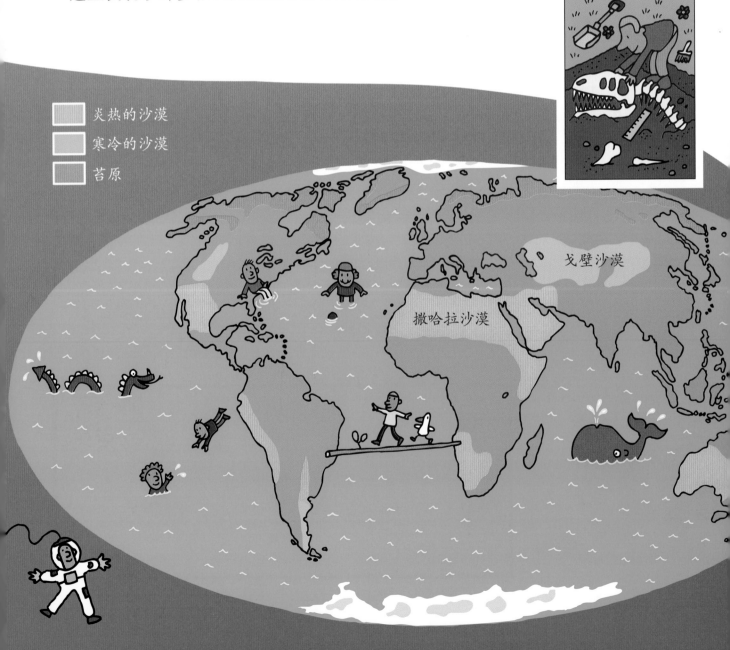

炎热的沙漠
寒冷的沙漠
苔原

戈壁沙漠
撒哈拉沙漠

人们认为沙漠通常都分布在非常炎热的地方，其实，沙漠也可能出现在寒冷的地方，甚至被常年不化的冰川覆盖。这类沙漠在欧洲、美洲、亚洲和极地附近都是存在的，这些区域被称为**苔原***。

其实沙漠不仅存在于**地球**上，**月球**上布满的环形山和丘陵也完全是一片荒漠。**火星**似乎也遭遇了沙尘暴的袭击，整个火星表面遍布沙丘和红色的砾石。**水星**也同样属于荒漠星球，其中朝向太阳的一面温度非常高，但背向太阳的一面却像极地一样寒冷。

沙丘是沙漠中典型的自然景观，它们就像在阳光的照射下结晶*的庞大波浪。然而，沙丘不会一直静止不动，从它形成的那一刻起，只要有风长时间不断吹过，沙丘就会不停地移动。但是如果有散播在沙丘上的种子生根、发芽，长出的植被覆盖沙丘，就会阻挡沙丘的前进。

那么，沙丘是如何形成的呢？

首先需要一个障碍物，比如一块低矮的岩石或一片茂密的灌木丛，它们能阻挡住被风推进的沙子。这些障碍物构成了沙丘形成之初的核心，不断涌来的沙子会堆积成一个月牙形的小山丘。如果我们把一个沙丘从中间切开，会发现它内部的沙子是一层一层叠加上去的，就像我们过生日时吃的奶油蛋糕一样。

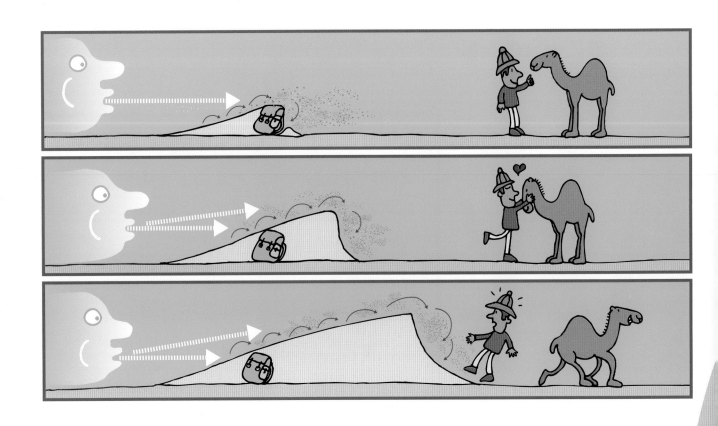

你知道吗？不是所有的沙丘都在沙漠之中，还有一种"**海岸沙丘**"分布在海岸上，比如意大利撒丁岛的皮斯纳斯沙丘，它们可是欧洲最高的沙丘，沙子的颜色金黄明亮。

其实，沙漠并不像我们想象的那样荒凉，这里也生活着一些**动物**：比如甲虫等昆虫，蝎子类的节肢动物，蛇和蜥蜴这样的爬行动物，还有鸟类和啮齿类动物*。

蝎子

　　人类想要在沙漠里生存下去并不容易。在非洲的撒哈拉沙漠之中，只有**图阿雷格人**可以长期生存，他们又被称为"蓝人"，因为这个游牧民族*的人都戴蓝色面纱和蓝色帽子，他们的帐篷也是蓝色的。图阿雷格人是唯一可以穿越这片沙漠的民族，他们每天只需要一升水就可以生存下来。一路上只有**骆驼***能够与他们相伴，骆驼的**驼峰**中能储存大量脂肪，这为它们在沙漠中长途旅行提供了能量。

　　在沙漠中，人们有时可以看到一种非常神奇的自然现象——**海市蜃楼***，即此刻出现在你眼前的景象并不是真的在你的前方，这只是一种神奇的光学现象。

单峰驼

　　沙漠中最神奇的景观应该是**绿洲**，在这片小小的区域内，会有地下水涌出地面，滋养草木。不过，只有一部分绿洲是天然形成的，其余的都是人工创造的，人们把这里变成沙漠中的花园，种植各种果蔬和植物。

　　在沙漠中有一种典型的河流形态，叫作**干谷**，它不是永久性河流，而是间歇性河流，只是偶尔有水。但是一旦来水，只需短短几分钟就能汇集大量河水，并快速填满周围干涸的河床。

现在让我们一起看看沙漠的"身份证"吧！

沙漠是如何形成的?

沙漠可能是什么样子的?

地球上最大的沙漠是哪个？

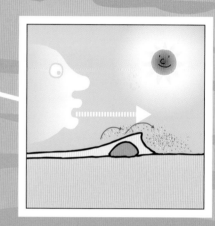

沙丘是如何形成的？

什么人能在沙漠中长期生活？

沙漠中也会有茂密的植被和

各种果蔬吗？

这是什么意思？

 风化：受长期风吹日晒、雨水冲刷和生物的影响等，地表岩石受到破坏或发生分解。

 啮齿类动物：哺乳动物中的一目，上下颌各有一对门齿，喜欢啮咬较坚硬的物体。

 沙漠化：地球上某个原本肥沃且植被丰富的区域，由于多种原因渐渐变干旱并被沙化的现象。

 游牧民族：指生活没有固定住所，一直在不断迁移的人。游牧者一般是猎人或牧羊人。

 苔原：又叫冻原，终年气候寒冷，地表只生长苔藓、地衣等植物的地区，多指北冰洋沿岸地区。

 骆驼：身高超过两米，有单个或者两个驼峰的哺乳动物。由于长着宽阔多毛的脚掌，它们走在滚烫的沙子上既不会下陷又不会烫伤。

 结晶：物质从液态（溶液或熔化状态）或气态形成晶体。

 海市蜃楼：发生在干燥地面或开阔海平面的一种光学现象。由于太阳光线的折射作用，可以看到远处物体的影像。

地震

地震

古时候，人们不知道地震是怎么回事，每当大地颤抖时，人们就以为是神灵或妖魔在作怪。

在日本，地震频繁发生，古时的人们认为这是一条巨型鲇（nián）鱼惹的祸，鲇鱼在地下摇晃一下大尾巴，地面便会颤抖，致使房舍坍（tān）塌（tā）。只有一位神仙能够降服鲇鱼，他用石头击打鲇鱼的头部，把它赶到深深的地下。

如今，地震仍会引起人们的恐慌，给人类带来灾难。但是，如果我们懂得地震是如何发生的，掌握一些地震时的应急办法，在地震发生时就能更好地保护自己。

地震来源于地下。要知道，**地壳**并不是静止不动的，而是一直在缓慢移动。地壳的运动能引起岩石不断抬升和移位。好在岩石有一定的弹性，能抵抗住一定程度的压力，但当压力太大时，岩石会发生**断裂**，这就形成了地震。

我们来做一个小实验。双手用力折断一根小木棍，这个过程中你会看到木棍先不断弯曲，弯曲到一定程度时才会突然折断。

同样道理，地壳中的岩石一直抵抗着压力，直到抵抗不住时才会突然断裂。

地震发生的地方，也就是岩石断裂的地方，我们称之为**震源**。震源位于地震发生时出现的地下裂缝上，科学家们把这条裂缝叫作**断层***，地震就是从这里发生的。

地震波*从震源向四面八方传播，一直到达地面，引起地表震动。

几乎所有断层都是藏在地下的，但有些断层会露出地面，比如位于美国加利福尼亚州的圣安德烈亚斯断层，长度超过1000千米，周围的所有地震都发源于此。

震中是震源正上方的地面，这里的震动感觉最为强烈。地震一般会持续几十秒的时间，很少有超过一分钟的，但这短暂的瞬间就足以毁掉整座城市。地震发生时，每过去一秒钟，可能就会有一面墙上出现裂缝。与此同时，吊灯不停摇晃，门窗嘎吱作响，我们的恐惧感也随之不断增加。

断层

山体滑坡

地震引发的后果不尽相同。如果地震发生在海底，可能会引起**海啸***，激起像楼房那么高的海浪，给岸边的港口和城市造成严重损失。打个比方，如果我们用力敲打一个盛满水的碗，水面上会掀起水花，水甚至会从碗里飞溅出来。如果地震发生在山区，可能会引起岩石和土地的崩塌，这种现象称为**山体滑坡***，危害性极大！不过，并不是所有的地震都有如此强大的威力。

为了测定地震的**强度**，人们发明了一种特殊的仪器——**地震仪***，它可以把地震波的轨迹记录下来，形成**震波图***，这种图就像地震的"身份证"一样，可以描绘出每一次地震的特征。

110

想知道一次地震的破坏力有多大，我们可以对照麦卡利**地震烈度表**判定。它是按照建筑物、自然和人类的受损情况划分地震等级的，而不是按照地震本身的强度划分。就像我们判断收音机中广播的声音大小，不是通过观看收音机显示屏，而是通过个人试听的效果判断。

人们可以从震波图中读出地震的强度，这有点像从收音机的显示屏上读出广播的音量。通过震波图，可以制定一个等级序列，从而划分地震等级，这叫作**里氏震级***。这样就可以把发生在空旷沙漠的地震和发生在城市的地震强度进行比较了。

便携式地震仪

记录纵波的地震仪

记录横波的地震仪

发生地震的地区

人们在世界的很多地方都建立了**地震观测点**，并在那里安装大型地震仪，每天24小时不间断地工作，以确保把地球的每一次震动都如实地记录下来。但这并不能帮助科学家们预测下次地震会在哪一天的哪个时刻发生，甚至连哪年哪月发生都无法预测。

总之，现在地震还**不可预测**，但是我们能知道哪里有可能会发生地震，因为发生地震的区域一般是相对固定的。

实际上，并不是地球上的所有地区都会发生地震。有些地区和国家地震频发，比如中美洲、中国、菲律宾、日本、土耳其和意大利；还有一些地区和国家则几乎不发生地震，比如俄罗斯、加拿大、中非和澳大利亚。

　　即使整个国家都处于地震的"风险"之中，也不会处处发生地震。比如，在中国的台湾地区、西北地区和青藏高原地震就较为频繁，而在湖南、湖北、江西等地就很少发生地震。

　　1908年12月，地中海地区发生了有史以来几乎最强烈的地震，地震把周围的许多村镇都夷为平地。地震引起的**海啸**给海岸造成巨大损失。

既然我们无法预测下次地震什么时候来临，我们又该**如何保护自己**呢？

首先，我们要建造抗震能力强的房屋，防止房屋坍塌造成人员受伤。其实对我们造成伤害的往往不是地震本身，而是地震引发的房屋倒塌！因此不仅是墙壁之间，墙壁与地板和屋顶之间也要连接紧密，否则建筑物就会像纸牌屋那样不牢靠。能抵抗地震的建筑叫作**抗震建筑**。在地震可能发生的地区，建造房屋时一定要加强建筑的抗震设计。

另外，了解在紧急情况下如何**逃生**也非常重要。地震发生时，最好不要从楼梯往下跑，更不要乘坐电梯，因为地

震时常常会发生人流阻滞和电梯故障。有时候待在家中比逃到大街上更安全，因为在大街上你很有可能被掉落的砖瓦或玻璃等物所伤。在室内，你可以躲到坚固的桌子底下或床底下，或是**承重墙***角，如果房屋足够牢固，一切只会是有惊无险。

在一些地震频发的国家和地区，如日本和美国的加利福尼亚州，人们都会参加**防震演习**，学习在地震来临时如何自我保护。人们首先要克服恐慌，把自己转移到安全地带，最好能提前准备好一些应急物品，例如头盔、被子和食物等。

现在让我们一起来看看地震的"身份证"吧！

地震是如何形成的？

什么是震源？

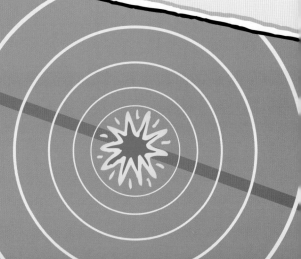

地震会造成什么危害？

发源于海底的地震会有怎样的危害？

如何测量地震强度？

地震发生时我们应该怎么做？

断层：地震发生时造成的岩石裂隙。

地震仪：监视地震发生，记录地震相关参数的仪器。仪器内部有一个摆锤，地震发生时，摆锤会发生摇晃，从而记录地震波的曲线。

地震波：地震引起的震动，由地下传播到地面，类似于向湖里扔一块石头所形成的波纹。

震波图：用"V"形图像记录地震的震动，震动越强，记录下的线条波动幅度就越大。

海啸：由海底地震、火山爆发或海上风暴引起的海水剧烈波动。

里氏震级：根据地震仪测量出的地震强度，对地震划分的等级，共分为 12 级。

山体滑坡：山体斜坡上某一部分岩土在重力作用下，产生剪切位移而整体向斜坡下方移动的现象。

承重墙：支撑着上部楼层重量的墙体，就像人的骨骼。